HECHOS PARA SOBREVIVIR

Alan Walker
Traducción de Sophia Barba-Heredia

ÍNDICE

Serpientes que aprietan........................ 2
Anacondas verdes................................ 10
Pitones arborícolas verdes.................. 13
Boas constrictoras.............................. 15
Pitones de Birmania............................ 16
Pitones bola 19
Un acercamiento a las serpientes 21
Glosario e índice analítico....................23

Un libro de El Semillero de Crabtree

CRABTREE
Publishing Company
www.crabtreebooks.com

Serpientes que aprietan

Existen más de 3 000 diferentes tipos de serpientes en el mundo. Algunas de estas serpientes son **constrictoras**.

Al menos un tipo de serpiente puede ser encontrada en cada continente, excepto en la Antártida.

Las constrictoras, como todas las serpientes, son **reptiles**.

anaconda verde

¡Algunas constrictoras llegan a medir 20 pies (6 metros)!

pitón bola

Las serpientes constrictoras tienen músculos poderosos.

boa constrictora

Usan sus músculos para apretar a su **presa** hasta matarla.

serpiente del maíz

Las constrictoras aprietan tan fuerte a sus presas que la sangre deja de fluir al corazón y el cerebro de estas.

Cuando la presa está muerta, la serpiente la engulle entera.

Aprendamos todo acerca de los diferentes tipos de constrictoras...

Anacondas verdes

La anaconda verde es la serpiente más grande del mundo.

Las anacondas verdes son buenas nadadoras.

DATOS SOBRE LA ANACONDA VERDE
Región: América del Sur
Hábitat: pantanos, ríos
Longitud: 20 a 30 pies (6 a 9 metros)
Peso: hasta 550 libras (250 kilogramos)

DATOS SOBRE LA PITÓN ARBORÍCOLA VERDE

Región: Australia y Nueva Guinea

Hábitat: árboles de la selva tropical

Longitud: 5 a 7 pies (1.6 a 2.1 metros)

Peso: hasta 3.5 libras (1.6 kilogramos)

Pitones arborícolas verdes

Las pitones arborícolas verdes se ven aterradoras, pero no lastiman a la gente.

Las pitones arborícolas verdes son comúnmente confundidas con las boas esmeralda.

DATOS SOBRE LA BOA CONSTRICTORA
Región: todo el continente americano
Hábitat: variado y cercano al agua
Longitud: hasta 13 pies (4 metros)
Peso: hasta 100 libras (45 kilogramos)

Boas constrictoras

Las enormes boas constrictoras pueden comer animales grandes, como los venados. También pueden vivir hasta 40 años.

Pitones de Birmania

La pitón de Birmania es también una de las serpientes más grandes de la Tierra.

pitón de Birmania albina

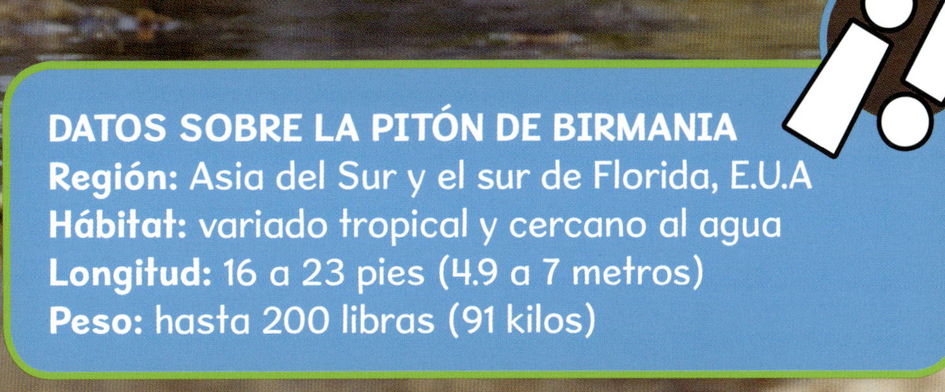

DATOS SOBRE LA PITÓN DE BIRMANIA

Región: Asia del Sur y el sur de Florida, E.U.A

Hábitat: variado tropical y cercano al agua

Longitud: 16 a 23 pies (4.9 a 7 metros)

Peso: hasta 200 libras (91 kilos)

pitón real o bola

Pitones bola

La pitón bola es una de las pitones más pequeñas. Pueden ser buenas mascotas.

DATOS SOBRE LA PITÓN BOLA

Región: partes de África y América

Hábitat: sabanas y campos agrícolas

Longitud: 4 a 6 pies (1.2 a 1.8 metros)

Peso: hasta 5 libras (2.3 kilogramos)

músculos: se contraen para ayudar al movimiento de la serpiente

piel escamosa: provee un buen agarre en las superficies, como el neumático de un coche en la carretera

UN ACERCAMIENTO A LAS SERPIENTES

esqueleto: una larga columna vertebral y cientos de costillas hacen a la serpiente muy flexible

lengua bífida: la usa para olfatear el aire

cavidad termorreceptora: ayuda a las serpientes a percibir el calor de sus presas

Las serpientes constrictoras juegan un papel importante en nuestro **ecosistema**. Comen roedores y otros animales pequeños. Esto mantiene la población de animales pequeños bajo control.

pitón arborícola verde

GLOSARIO

constrictoras: Serpientes que asesinan enrollándose a sus presas y apretando hasta matarlas.

ecosistema: Una comunidad de plantas y animales interactuando entre ellas y con el entorno.

presa: Un animal que es cazado por otro animal para alimentarse.

reptiles: Animales de sangre fría cubiertos de escamas. La mayoría de los reptiles ponen huevos.

ÍNDICE ANALÍTICO

anaconda(s) verde(s): 4, 10, 11

boa(s) constrictora(s): 3, 7, 14, 15

lengua: 21

pitón(es) arborícola(s) verde(s): 12, 13, 22

pitón(ones) bola: 6, 18, 19

pitón(ones) de Birmania: 16, 17

presa(s): 8, 9, 21

reptiles: 4

Apoyos de la escuela a los hogares para cuidadores y maestros

Este libro ayuda a los niños en su desarrollo al permitirles practicar la lectura. Abajo están algunas preguntas guía para ayudar al lector a fortalecer sus habilidades de comprensión. En rojo hay algunas opciones de respuesta.

Antes de leer:

- **¿De qué pienso que tratará este libro?** *Pienso que este libro es sobre serpientes que aprietan a sus presas hasta matarlas. Pienso que este libro es sobre serpientes verdes mortíferas.*
- **¿Qué quiero aprender sobre este tema?** *Quiero aprender dónde viven las serpientes constrictoras. Quiero aprender qué hacer si veo a una serpiente.*

Durante la lectura:

- **Me pregunto por qué...** *Me pregunto por qué las constrictoras tragan a sus presas completas. Me pregunto por qué la anaconda verde puede nadar.*
- **¿Qué he aprendido hasta ahora?** *Aprendí que las anacondas verdes pueden crecer hasta 30 pies (9 metros). Aprendí que las serpientes usan su lengua para olfatear el aire.*

Después de leer:

- **¿Qué detalles aprendí de este tema?** *Aprendí que las serpientes tienen un órgano termorreceptor en su cara que percibe el calor de sus presas. Aprendí que las pitones bola pueden ser buenas mascotas.*
- **Anota las palabras que no conozcas y haz preguntas para entender su significado.** *Veo la palabra **constrictoras** en la página 2 y la palabra **presa** en la página 8. Las demás palabras del vocabulario están en la página 23.*

Library and Archives Canada Cataloguing in Publication
Title: Serpientes que aprietan / Alan Walker ; traducción de Sophia Barba-Heredia.
Other titles: Snakes that squeeze. Spanish
Names: Walker, Alan, 1963- author. | Barba-Heredia, Sophia, translator.
Description: Series statement: Hechos para sobrevivir | Translation of: Snakes that squeeze. | Includes index. | "Un libro de el semillero de Crabtree". | Text in Spanish.
Identifiers: Canadiana (print) 20210249145 |
Canadiana (ebook) 20210249153 |
ISBN 9781039618244 (hardcover) |
ISBN 9781039618305 (softcover) | I
SBN 9781039618367 (HTML) |
ISBN 9781039618428 (EPUB) |
ISBN 9781039618480 (read-along ebook)
Subjects: LCSH: Pythons—Juvenile literature. | LCSH: Boa constrictor—Juvenile literature. | LCSH: Animal weapons—Juvenile literature.
Classification: LCC QL666.O67 W3518 2022 | DDC j597.96/78—dc23

Library of Congress Cataloging-in-Publication Data
Available at the Library of Congress

Crabtree Publishing Company
www.crabtreebooks.com 1–800–387–7650

Published in the United States
Crabtree Publishing
347 Fifth Ave.
Suite 1402-145
New York, NY 10016

Published in Canada
Crabtree Publishing
616 Welland Ave.
St. Catharines, Ontario
L2M 5V6

Written by Alan Walker
Translation to Spanish: Sophia Barba-Heredia
Spanish-language layout and proofread: Base Tres
Print coordinator: Katherine Berti
Printed in the U.S.A./092021/CG20210616

Print book version produced jointly with Blue Door Education in 2022

CREDITS: Cover © istock.com/ dene398. Page 2-3: istock.com | looderoo. Page 4-5: istock.com | GlobalP, shutterstock.com | Benny Marty. Page 6-7: istock.com | sergeyryzhov, shutterstock.com | huang jenhung. Page 8-9: Kostantin Penner | Dreamstime.com./. Page 10-11: shutterstock.com | Vladimir Wrangel, shutterstock.com | AJR_photo. Page 12-13: shutterstock.com | fotandy, istock.com | tane-mahuta. Page 14-15: shutterstock.com | Eric Isselee, istock.com | tane-mahuta. page 16-17: istock.com | Utopia_88, Duncan Noakes | Dreamstime.com. Page 18-19: Sergey Novikov | Dreamstime.com, istock.com | y-studio. Page 20-21: istock.com | reptiles4all, istock.com | undefined undefined. Page 22-23: istock.com | rommma, istock.com, shutterstock.com, dreamstime.com